经典养生蒸菜100道

酸甜鲜香

邱克洪 主

黑龙江科学技术出版社
HEILONGJIANG SCIENCE AND TECHNOLOGY PRESS

图书在版编目（ＣＩＰ）数据

经典养生蒸菜100道 / 邱克洪主编. -- 哈尔滨：
黑龙江科学技术出版社, 2020.7（2024.6重印）
ISBN 978-7-5719-0372-5

Ⅰ. ①经… Ⅱ. ①邱… Ⅲ. ①蒸菜－菜谱 Ⅳ.
①TS972.12

中国版本图书馆CIP数据核字(2020)第016465号

经典养生蒸菜 100 道

JINGDIAN YANGSHENG ZHENGCAI 100 DAO

主　　编　邱克洪
策划编辑
封面设计　深圳·弘艺文化 HONGYI CULTURE
责任编辑　徐　洋
出　　版　黑龙江科学技术出版社
地　　址　哈尔滨市南岗区公安街70-2号
邮　　编　150007
电　　话　（0451）53642106
传　　真　（0451）53642143
网　　址　www.lkcbs.cn
发　　行　全国新华书店
印　　刷　小森印刷霸州有限公司
开　　本　710 mm×1000 mm　1/16
印　　张　12
字　　数　200千字
版　　次　2020年7月第1版
印　　次　2024年6月第2次印刷
书　　号　ISBN 978-7-5719-0372-5
定　　价　68.00元

目录 C O N T E N T S

No.1

脆皮粉蒸肉

◎ 增强免疫力 ◎

原料：
五花肉100克，鸡蛋1个，蒸肉粉50克，糯米纸、面包糠各适量

调料：
盐、鸡粉、胡椒粉各3克，食用油适量

做法：

① 五花肉去皮切薄片；鸡蛋打散待用。

② 将五花肉装碗中，放入鸡蛋液、盐、鸡粉、胡椒粉、蒸肉粉搅拌匀，腌渍15分钟入味。

③ 将入味的肉放入蒸笼，蒸30分钟后取出。

④ 将蒸好的肉放凉，用糯米纸包好，蘸上适量蛋液。

⑤ 然后在外面沾上面包糠待用。

⑥ 热锅注油烧至七成热，倒入食材炸至金黄色。

⑦ 捞出食材摆放在盘中即可。

No.2

大喜脆炸粉蒸肉

◎ **增强免疫力** ◎

原料：
猪肉300克，蒸肉粉100克，熟红腰豆50克，青椒、红柿子椒、酸菜各20克，蒜末适量

调料：
盐、鸡粉各2克，食用油适量

做法：

❶ 青椒、红柿子椒切成丁。

❷ 猪肉切成大块。

❸ 往猪肉中倒入蒸肉粉，混匀待用。

❹ 热锅注油，烧至六七成热，倒入猪肉块，炸至两面微黄色。

❺ 捞出炸好的猪肉，摆好盘待用。

❻ 锅内留油，倒入蒜末爆香。

❼ 倒入青椒、红柿子椒，翻炒。

❽ 倒入红腰豆、酸菜翻炒。

❾ 加上盐、鸡粉，炒匀入味。

❿ 将炒好的食材盛出，盖在粉蒸肉上，入蒸笼蒸10分钟至食材熟透入味即可。

No.3

豆豉蒸排骨

◎ **增强免疫力、补钙** ◎

原料：
排骨300克，葱花适量，豆豉酱10克

调料：
白糖2克，盐3克，生抽5毫升，蚝油5克，生粉适量

做法：

① 取一大碗，放入洗净的排骨，加入豆豉酱。

② 加入白糖、盐、生抽、蚝油、生粉，拌匀。

③ 将食材倒入碗中，盖上保鲜膜，待用。

④ 电蒸锅注水烧开，放入食材。

⑤ 盖上盖，蒸20分钟。

⑥ 揭盖，取出食材。

⑦ 揭开保鲜膜，撒上葱花即可。

No.4

粉蒸肥肠

◎ **增强免疫力** ◎

原料:
肥肠300克,蒸肉粉100克,
葱花适量

做法:

❶ 肥肠洗净,切小段。

❷ 往肥肠中倒入蒸肉粉,混匀。

❸ 蒸锅注水,放入肥肠,加盖,大火煮开后调成中火蒸50分钟。

❹ 揭盖,将肥肠取出,撒上葱花即可。

No.5

粉蒸牛肉

◎ **增强免疫力** ◎

原料：
牛肉500克，蒸肉粉100克，蒜末、葱段、香菜各适量

调料：
藤椒油5毫升，盐2克，老抽适量

做法：

❶ 牛肉切块。

❷ 往牛肉中加入老抽和水，搅拌。

❸ 加入藤椒油、盐搅拌匀。

❹ 放入蒸肉粉，充分拌匀。

❺ 蒸锅注水烧开，放入牛肉，加盖，大火煮开后调成中火蒸50分钟。

❻ 揭盖，将牛肉取出，撒上蒜末、葱段、香菜即可。

No.6

粉蒸排骨

◎ **增强免疫力** ◎

原料：
排骨500克，蒸肉粉100克，
蒜末、葱花各适量

调料：
鸡粉2克，食用油适量

做法：

① 将洗净的排骨斩块。

② 装入碗中，再放入少许蒜末。

③ 加入蒸肉粉，抓匀。

④ 放入鸡粉，拌匀。

⑤ 倒入少许食用油，抓匀。

⑥ 将排骨装入盘中备用。

⑦ 蒸锅注水烧开，放入排骨，盖上盖，小火蒸约20分钟。

⑧ 揭盖，把蒸好的排骨取出，撒上葱花即可。

No.7

竹筒粉蒸肉

◎ **增强体质** ◎

原料：

五花肉400克，蒸肉粉200克，辣椒粉30克，南乳汁5克，葱花适量

调料：

料酒、生抽各5毫升，老抽3毫升，盐2克，鸡粉3克

做法：

① 五花肉洗净，切成略厚的肉片。

② 将五花肉倒入碗中，加入南乳汁、料酒、老抽、生抽、盐、鸡粉、辣椒粉拌匀。

③ 接着倒入蒸肉粉继续拌匀，将肉放入竹筒中待用。

④ 蒸锅注水，放入五花肉，加盖，大火蒸20分钟。

⑤ 揭盖，将五花肉取出，撒上葱花即可。

No.8

干豇豆蒸蹄花

◎ 开胃、补充胶原蛋白 ◎

原料：
水发干豇豆100克，猪蹄500克，干辣椒10克，生姜片2片，八角2个，桂皮1片，葱段适量

调料：
盐、鸡粉各2克，蚝油、冰糖、水淀粉、辣椒油、食用油各适量

做法：

① 猪蹄剁成块，入冷水锅中烧到沸腾，撇去浮沫，用温水洗净。

② 热锅注油，倒入冰糖，开始炒糖色。

③ 糖色炒好后冲入开水煮开，倒入干辣椒、生姜片、八角、桂皮，炒香。

④ 将猪蹄放入其中，炒匀，慢火焖约40分钟至猪蹄熟烂。

⑤ 放入干豇豆，加入盐、鸡粉、蚝油拌匀。

⑥ 慢火焖5分钟至入味、收汁，倒入少许水淀粉勾芡，淋入辣椒油拌匀。

⑦ 将猪蹄盛出待用。

⑧ 蒸锅注水烧开，放入干豇豆、猪蹄，中火蒸10分钟。

⑨ 取出蒸好的猪蹄，撒上葱段即可。

No.9

金瓜粉蒸肉

◎ **增强体质** ◎

原料：
雕刻好的老南瓜500克，猪肉400克，粉蒸肉粉100克，红椒粒适量，蒜末、葱花适量

调料：
盐2克，鸡粉2克，食用油适量

做法：

① 将洗净的排骨斩块。

② 装入碗中，再放入少许蒜末。

③ 加入蒸肉粉，抓匀。

④ 放入鸡粉、盐，拌匀。

⑤ 倒入少许食用油，抓匀。

⑥ 将猪肉装入南瓜里备用。

⑦ 盖上盖，小火蒸约20分钟。

⑧ 揭盖，把蒸好的食材取出，撒上葱花、红椒粒即可。

No.10

荷叶糯米粉蒸排骨

◎ 补钙 ◎

原料：
排骨500克，糯米200克，红椒粒
10克，姜片、蒜末、葱花各适量

调料：
老抽3毫升，生抽、料酒各5毫升，
蚝油5克，盐3克，白糖2克

做法：

❶ 排骨洗净，切小块；糯米用水浸泡5~8小时。

❷ 荷叶用淡盐水浸泡半小时后洗净备用。

❸ 排骨装碗，用姜片、蒜末、老抽、生抽、蚝油、料酒、盐、白糖抓匀，腌渍
2小时。

❹ 将腌渍好的排骨放糯米里面粘满糯米。

❺ 将洗净的荷叶在蒸笼内摊开，放入糯米排骨，用荷叶包裹起来。

❻ 蒸锅注水，放入排骨，大火加热蒸50分钟。

❼ 揭盖，将蒸好的排骨取出，盛入碗中，撒上葱花和红椒粒即可。

No.11

九品香碗

◎ **开胃** ◎

原料：
猪肉末200克，鸡蛋3个，大葱
段30克，姜片、葱花、蒜泥各
适量

调料：
盐4克，鸡粉3克，花椒粉、食
用油各适量

做法：

① 鸡蛋打在碗中，搅散。

② 往猪肉末中加适量蒜泥、盐、鸡粉、花椒粉，拌匀，待用。

③ 热锅注油，倒入蛋液，煎成蛋皮。

④ 取出煎好的蛋皮，摊开待冷却，留适量蛋皮切成丝。

⑤ 将肉末倒入蛋皮中，卷成卷。

⑥ 蒸锅注水，放入蛋皮卷，中火蒸15~20分钟。

⑦ 揭盖，将食材取出后切片，装碗，鸡蛋丝放入中间，制成香碗。

⑧ 香碗底加入适量水、少许姜片、大葱段，入蒸笼蒸10分钟，撒上葱花即可。

No.12

麻婆粉蒸肉

◎ 增强体质 ◎

原料：

五花肉400克，蒸肉粉100克，豆腐200克，姜末、葱花、蒜末、鸡汤各适量

调料：

盐、鸡粉各3克，花椒粉、辣椒粉、五香粉各5克，生抽、料酒各10毫升，老抽5毫升，豆瓣酱10克，水淀粉、食用油各适量

做法：

❶ 洗净的豆腐切丁。

❷ 五花肉洗净，然后切成大片。

❸ 往五花肉中加入蒸肉粉、2克花椒粉、辣椒粉、五香粉、5毫升生抽、老抽、料酒、姜末、蒜末、5克豆瓣酱，抓匀，腌渍1小时。

❹ 热锅注水烧热，将豆腐放入锅中，焯2分钟，捞出备用。

❺ 热锅注油烧热，放入5克豆瓣酱炒香，放入蒜末炒出香味。

❻ 倒入鸡汤拌匀烧开，再倒入5毫升生抽，翻炒均匀。

❼ 放入豆腐烧开，撒入盐、鸡粉，炒至入味。

❽ 加入水淀粉勾芡，撒入3克花椒粉调味，撒入葱花，使得菜色更美观，盛出待用。

❾ 蒸锅注水烧开，放入五花肉，转中小火蒸1小时。

❿ 取出蒸好的五花肉，周围浇上麻婆豆腐即可。

No.13

梅菜扣肉

◎ **增强免疫力、开胃** ◎

原料：
上海青100克，五花肉400克，梅干菜200克，五香粉5克，八角3个，南腐乳、蒜末、葱末、姜末各适量

调料：
盐、鸡粉、白糖各3克，老抽5毫升，食用油适量

做法:

❶ 锅中注水烧开,放入洗净的五花肉,汆煮约1分钟。

❷ 将煮好的五花肉用筷子夹出,用竹签在肉皮上扎孔,均匀地抹上老抽。

❸ 洗净的梅干菜切碎末。

❹ 锅中注油烧热,放入五花肉,炸约1分钟至肉皮呈深红色。

❺ 捞出五花肉,放入清水中浸泡片刻。

❻ 上海青洗净,入开水锅中煮至断生后捞出。

❼ 炒锅注油烧热,放入少许蒜末,倒入梅干菜,略炒,加入盐、一半白糖,拌炒入味,盛入盘中待用。

❽ 用油起锅,放入蒜末、葱末、姜末,炒香。

❾ 放入八角、五香粉、南腐乳,煸炒香。

❿ 倒入五花肉,翻炒入味,加入剩余白糖、鸡粉、老抽。

⓫ 关火,将盛出的五花肉整齐码入小碗内,将梅干菜夹在肉片之间。

⓬ 蒸锅注水烧开,放上食材,中火蒸40分钟。

⓭ 揭盖,将食材取出,周围摆上上海青即可。

No.14

小厨烧白

◎ 开胃、增强免疫力 ◎

原料：

五花肉350克，芽菜、西蓝花各100克，糖色10毫升，八角3个，花椒10粒，干辣椒5个，葱花、姜片各适量

调料：

老抽5毫升，料酒10毫升，盐4克，鸡粉、白糖各3克，食用油适量

做法：

① 锅中注入适量清水，放入五花肉，加盖煮熟；西蓝花煮至断生。

② 取出煮熟的五花肉，在肉皮上抹上糖色。

③ 锅中热油，放入五花肉，略炸，至肉皮呈暗红色捞出。

④ 将五花肉切片。

⑤ 五花肉装入碗内，淋入老抽、料酒，加盐、鸡粉拌匀。

⑥ 肉皮朝下，将肉片叠入扣碗内，放入八角、花椒、部分干辣椒、姜片。

⑦ 起油锅，倒入姜片煸香，倒入芽菜拌匀，加剩余干辣椒炒出辣味，撒入葱花炒香，加鸡粉、白糖调味。

⑧ 芽菜炒熟，放在肉片上压实。

⑨ 蒸锅注水，放上食材，加盖，中火蒸40分钟至熟软。

⑩ 揭盖，将食材倒扣在盘中，用西蓝花点缀，撒上葱花即可。

No.15

农家香碗

◎ 开胃 ◎

原料：
五花肉200克，猪皮100克，
面粉、鸡蛋清各适量，葱段10
克，高汤500毫升，姜片10克

调料：
盐3克，鸡粉5克，食用油适量

做法：

❶ 五花肉裹上鸡蛋清、面粉，入油锅炸熟，捞出沥油待用。

❷ 晾干的五花肉切片待用。

❸ 猪皮入沸水锅中煮熟捞出待用。

❹ 备碗，加入高汤、盐、鸡粉，搅拌均匀，加入姜片、五花肉片、猪皮，入蒸笼蒸30分钟后，撒上葱段即可。

No.16

农家一品香碗

◎ **开胃** ◎

原料：

鹌鹑蛋60克，炸肉丸子80克，火腿肠70克，五花肉80克，枸杞50克，面粉、鸡蛋清、姜片、蒜泥各适量

调料：

盐4克，鸡粉3克，食用油适量

做法：

① 鹌鹑蛋煮熟剥壳；火腿肠切片。

② 五花肉裹上适量面粉、鸡蛋清待用。

③ 热锅注油烧至七成热，放入五花肉，炸至微黄色后捞出冷却，切片待用。

④ 备碗，加入适量水，加入盐、鸡粉拌匀入味，放入火腿肠、炸好的五花肉片、炸好的肉丸子、鹌鹑蛋、枸杞、姜片、蒜泥，入蒸笼蒸30分钟即可。

No.17

糯米排骨

◎ 开胃 ◎

原料：

排骨500克，糯米200克，熟玉米块150克，红椒粒、青椒粒、姜片、蒜末、葱花各适量

调料：

老抽3毫升，生抽、料酒各5毫升，蚝油5克，盐3克，白糖2克

做法：

① 糯米用水浸泡5~8小时。

② 排骨洗净切成小块，用姜片、蒜末、老抽、生抽、蚝油、料酒、盐和白糖抓匀后腌渍2小时。

③ 将腌渍好的排骨放糯米里面沾满糯米。

④ 蒸锅注水，放入排骨，大火加热蒸50分钟。

⑤ 揭盖，将蒸好的排骨取出，盛入碗中，摆上煮熟的玉米块，撒上葱花和红椒粒、青椒粒即可。

No.18

耙豌豆蒸肥肠

◎ **增强免疫力** ◎

原料：
耙豌豆100克，肥肠300克，
蒸肉粉100克，葱花适量
调料：
盐、鸡粉各2克

做法：

❶ 肥肠切小段。

❷ 往肥肠中倒入蒸肉粉、耙豌豆，混匀。

❸ 加入盐、鸡粉，拌匀。

❹ 蒸锅注水，放入肥肠，加盖，大火煮开后调成中火蒸50
分钟。

❺ 揭盖，将肥肠取出，撒上葱花即可。

No.19

碗碗香

◎ **增强免疫力** ◎

原料：
猪肉末150克，香菇60克，海苔、葱花各适量

调料：
盐、鸡粉各3克，生抽5毫升

做法：

❶ 香菇切末。

❷ 往猪肉末中倒入香菇，加入盐、鸡粉、生抽拌匀入味。

❸ 将海苔摊开，放上肉末，卷成卷。

❹ 蒸锅注水烧开，放入肉卷，加盖，中火蒸10分钟。

❺ 揭盖，将蒸好的食材稍微冷却。

❻ 用刀切成若干段摆放在盘中，撒上葱花即可。

No.20

小米排骨

◎ **健脾养胃** ◎

原料：

排骨400克，水发小米90克，玉米、山药、紫薯各150克，枸杞、葱花、姜片、蒜末各适量

调料：

盐、鸡粉各3克，生抽、料酒、芝麻油各5毫升，生粉5克

做法：

❶ 将洗净的排骨段装碗，放姜片、蒜末、盐、鸡粉、生抽、料酒，拌匀入味。

❷ 把沥干水的小米倒入碗中，与排骨段充分拌匀。

❸ 撒上生粉，淋入芝麻油，拌匀，腌渍一会儿。

❹ 取一个干净的盘子，倒入腌渍好的排骨，叠放整齐，放上枸杞，待用。

❺ 将玉米洗净，切段；山药、紫薯去皮洗净，切段。

❻ 蒸锅烧开，将玉米、山药、紫薯蒸熟后取出。

❼ 蒸锅再烧开，放入码好排骨的盘子。

❽ 盖上锅盖，用中火蒸20分钟至食材熟透。

❾ 揭下锅盖，取出蒸好的排骨，趁热撒上葱花。

❿ 将排骨、玉米、山药、紫薯摆盘即可。

No.21

山楂木耳蒸鸡

◎ **温中益气** ◎

原料：
鸡块200克，水发木耳50克，山楂10克，葱花4克

调料：
生抽3毫升，生粉3克，盐、白糖各2克，食用油适量

做法：

❶ 取一碗，放入鸡块，加入生抽、盐、白糖、生粉、食用油、葱花，用筷子搅拌匀，倒入木耳、山楂，拌匀，将拌好的食材装入盘中，腌渍15分钟待用。

❷ 取电饭锅，注入适量清水，放上蒸笼，放入拌好的食材，盖上盖，按"功能"键，选择"蒸"的功能，时间为20分钟，开始蒸。

❸ 按"取消"键断电，开盖，取出蒸好的鸡即可。

No.22

虾酱蒸鸡翅

◎ **温中益气、强腰健胃** ◎

原料：
鸡翅120克，姜末、葱花
各少许

调料：
盐、老抽各少许，生抽3
毫升，虾酱、生粉各适量

做法：

❶ 在洗净的鸡翅上打上花刀，放入碗中，淋入生抽、老抽，撒上姜末，倒入虾酱，加入盐，再撒上适量生粉，拌匀，腌渍约15分钟至入味。

❷ 取一个干净的盘子，摆放上腌渍好的鸡翅，待用。

❸ 蒸锅上火烧开，放入装有鸡翅的盘子，盖上锅盖，用中火蒸约10分钟至食材熟透。

❹ 揭开盖子，取出蒸好的鸡翅，撒上葱花即成。

No.23

粉蒸鸭块

◎ 补阴益血、清虚热、利水 ◎

原料：
鸭块400克，蒸肉米粉60克，姜蓉、葱段各5克，葱花3克

调料：
盐2克，生抽、料酒各8毫升，食用油适量

做法：

❶ 把鸭块装碗中，倒入料酒、姜蓉、葱段，放入生抽，加入盐，注入食用油，拌匀，腌渍约15分钟，取腌渍好的鸭块，加入蒸肉米粉拌匀，再放入蒸盘中，摆好盘。

❷ 备好电蒸锅，烧开水后放入蒸盘，盖上盖，蒸约30分钟至食材熟透。

❸ 断电后揭盖，取出蒸盘，趁热撒上葱花即可。

No.24

生姜蒸猪心

◎ 补虚定惊、安神养心、补血 ◎

原料：
猪心200克，红椒10克，葱段、姜片各少许

调料：
酱油3毫升，白糖2克，料酒4毫升，水淀粉、食用油各适量

做法：

❶ 将猪心清洗干净，去掉里面的血水，切成薄片；将红椒洗净，切成圈。

❷ 将猪心片装进碟子里，放入红椒、葱段、姜片，加上水淀粉、酱油、食用油、白糖、料酒，然后用手抓匀，静置30分钟，让猪心腌渍入味。

❸ 将腌渍好的猪心放进电饭锅里，隔水蒸大约8分钟即可。

No.25

椒麻土鸡片

◎ **增强免疫力** ◎

原料：
土鸡肉300克，新鲜花椒5克，小葱20克，红椒丁、姜片各适量

调料：
生抽、料酒、芝麻油各5毫升，胡椒粉5克，白糖、鸡精、盐各3克

做法：

❶ 鸡肉放入料酒、盐、胡椒粉，两面分别抹匀。

❷ 放上姜片，腌渍约1个小时。

❸ 将鲜花椒和小葱切碎混合在一起，放入碗中待用。

❹ 蒸锅注水烧热，将鸡肉放入其中，中火蒸约35分钟。

❺ 揭盖，将蒸熟的鸡肉取出待用。

❻ 锅中注入适量水，倒入鲜花椒末和小葱末，放入生抽、白糖、芝麻油、鸡精、盐，拌匀，制作成椒麻汁。

❼ 将冷却好的鸡肉切成片，摆放在盘中待用。

❽ 将椒麻汁浇在鸡肉上，撒上红椒丁即可。

No.26

椒麻土鸭仔

◎ **降低胆固醇** ◎

原料：
土鸭肉300克，新鲜花椒5克，小葱20克，姜片适量

调料：
生抽、料酒、芝麻油各5毫升，胡椒粉5克，白糖、鸡精、盐各3克

做法：

① 鸭肉放入料酒、盐、胡椒粉，将鸭子两面分别抹匀。

② 放上姜片，腌渍约1个小时。

③ 将鲜花椒和小葱切碎混合在一起，放入碗中待用。

④ 蒸锅注水，将鸭肉放入其中，中火蒸约35分钟。

⑤ 揭盖，将蒸熟的鸭肉取出待用。

⑥ 锅中注入适量水，倒入鲜花椒末和小葱末，放入生抽、白糖、芝麻油、鸡精、盐，拌匀，制作成椒麻汁。

⑦ 将冷却好的鸭肉切成段，摆放在盘中。

⑧ 将椒麻汁浇在鸭肉上即可。

No.27

灌汤耙耙肉

◎ **增强免疫力** ◎

原料：
肉卷1筒，高汤1升，葱花、
枸杞各少许
调料：
盐、胡椒粉各2克

做法：

❶ 把肉卷切成片，码放入碗中。

❷ 高汤加盐、胡椒粉，拌匀，浇入碗内。

❸ 放入烧开的蒸锅，加盖，大火蒸15分钟。

❹ 取出，放上葱花、枸杞即可。

No.28

橘香粉蒸肉

◎ **增强体质** ◎

原料:
橘子皮盅适量,五花肉300克,蒸肉粉100克,姜末、蒜末各适量

调料:
花椒粉、辣椒粉、五香粉各5克,生抽、料酒各10毫升,老抽5毫升,豆瓣酱10克

做法:

① 五花肉洗净,然后切成大片。

② 往五花肉中加入花椒粉、辣椒粉、五香粉、生抽、老抽、料酒、姜末、蒜末、豆瓣酱,抓匀,腌渍1小时。

③ 腌好的五花肉倒入蒸肉粉,抓匀。

④ 取一只大碗,将裹好蒸肉粉的肉片一片片码入碗底。

⑤ 蒸锅注水烧开,放入食材大火转中小火蒸1小时。

⑥ 揭盖,将食材取出,盛入做好的橘子皮盅里即可。

No.29

青元粉蒸肉

◎ 开胃 ◎

原料：
五花肉500克，豌豆、蒸肉粉各100克，姜末、蒜末各适量

调料：
花椒粉、辣椒粉、五香粉各5克，生抽、料酒各10毫升，老抽5毫升，豆瓣酱10克

做法：

❶ 五花肉洗净，然后切成大片。

❷ 往五花肉中加入花椒粉、辣椒粉、五香粉、生抽、老抽、料酒、姜末、蒜末、豆瓣酱，抓匀，腌渍1小时。

❸ 腌好的五花肉倒入蒸肉粉，抓匀。

❹ 取一只大碗，将裹好蒸肉粉的肉片一片片码入碗底，洗干净的豌豆铺在上面，压实。

❺ 蒸锅注水烧开，放入食材大火转中小火蒸1小时。

❻ 揭盖，将食材取出即可，可以配上窝窝头一起吃。

No.30

清蒸豆腐丸子

◎ 补钙、补充蛋白质 ◎

原料：
豆腐180克，鸡蛋1个，面粉
30克，葱花少许

调料：
盐2克，食用油少许

做法：

❶ 将鸡蛋打入小碗中，取出蛋黄，放在小碟子中，待用；把洗净的豆腐装入大碗中，用打蛋器搅碎，倒入备好的蛋黄，搅散，再调入盐，撒上葱花，搅拌至盐分溶化，倒入面粉，搅成糊状，拌匀至起劲，制成面糊。

❷ 取一个干净的盘子，抹上少许食用油，将面糊制成大小适中的豆腐丸子，装入盘中，摆好。

❸ 蒸锅上火烧开，放入装有豆腐丸子的蒸盘，盖上盖子，用大火蒸约5分钟至食材熟透，关火后揭开盖，取出蒸好的豆腐丸子，摆好盘即成。

No.31

酱香黑豆蒸排骨

◎ **滋阴壮阳、益精补血** ◎

原料:
排骨350克，水发黑豆100克，姜末5克，花椒3克

调料:
盐2克，豆瓣酱40克，生抽10毫升，食用油适量

做法:

❶ 将洗净的排骨装碗，倒入泡好的黑豆，放入豆瓣酱，加入生抽、盐，倒入花椒、姜末，加入食用油，将排骨拌匀，腌渍20分钟至入味，将腌好的排骨装盘。

❷ 将电蒸锅烧至上气，放入腌好的排骨，加盖，调好时间旋钮，蒸40分钟至熟软入味，揭盖，取出蒸好的排骨即可。

No.32

蜜枣老南瓜

◎ **增强免疫力** ◎

原料：
南瓜200克，大枣2个，水发银耳
100克

做法：

① 南瓜切段。

② 银耳切块。

③ 蒸锅注水烧开，放入南瓜、银耳，中火蒸20分钟。

④ 揭盖，取出，放上大枣即可。

No.33

酱肉娃娃菜

◎ **增强体质** ◎

原料：

娃娃菜300克，酱肉50克

调料：

盐、鸡粉各2克，水淀粉适量

做法：

① 将娃娃菜洗净撕开，切成等长的段。

② 酱肉切片，装入蒸盘。

③ 在锅中放入清水，待水开后，将娃娃菜焯一下。

④ 捞出娃娃菜，盛入盘中待用。

⑤ 锅中留适量水烧开，加入盐、鸡粉，用水淀粉勾芡，制成芡汁。

⑥ 蒸锅上火烧开，放入酱肉蒸20分钟，取出放在娃娃菜上，浇上芡汁即可。

No.34

蒸香菇西蓝花

◎ **杀菌、防止感染** ◎

原料：
香菇、西蓝花各100克
调料：
盐、鸡粉各2克，蚝油5
克，水淀粉10毫升

做法：

❶ 洗净的香菇按十字花刀切块；将洗净的西蓝花沿圈摆盘；将切好的香菇摆在西蓝花中间。

❷ 备好已注水烧开的电蒸锅，放入食材，调好时间旋钮，蒸8分钟至熟，揭盖，取出蒸好的西蓝花和香菇，放置一边待用。

❸ 锅中注入少许清水烧开，加入盐、鸡粉，放入蚝油搅拌匀，用水淀粉勾芡，搅拌匀成汤汁，将汤汁浇在西蓝花和香菇上即可。

No.35

桂花蜂蜜蒸萝卜

◎ 清热生津、凉血止血 ◎

原料：
白萝卜片260克，蜂蜜30克，桂花5克

做法：

❶ 在白萝卜片中间挖一个洞，取一盘，放好挖好的白萝卜片，在所挖的洞中加入蜂蜜、桂花，待用。

❷ 取电蒸锅，注入适量清水烧开，放入白萝卜，盖上盖，将时间调至"15"，揭盖，取出白萝卜，待凉即可食用。

No.36

青菜蒸豆腐

◎ **保护肠胃** ◎

原料:
豆腐100克,上海青60克,
熟鸡蛋1个

调料:
盐2克,水淀粉4毫升

做法:

❶ 锅中注入适量清水烧开。

❷ 放入洗净的上海青,拌匀,焯约半分钟。

❸ 待其断生后捞出,沥干水分,放在盘中,凉凉。

❹ 将放凉后的上海青切碎,剁成末。

❺ 洗净的豆腐压碎,剁成泥。

❻ 熟鸡蛋取出蛋黄,切成碎末。

❼ 取一个干净的碗,倒入豆腐泥。

❽ 放入切好的上海青,搅拌匀。

❾ 加入盐,拌至盐分溶化。

❿ 淋入水淀粉,拌匀上浆。

⓫ 将拌好的食材装入另一个大碗中,抹平。

⓬ 均匀地撒上蛋黄末,即成蛋黄豆腐泥。

⓭ 蒸锅上火烧沸,放入装有蛋黄豆腐泥的大碗。

⓮ 盖上盖子,用中火蒸约8分钟,取出即可。

No.37

清蒸西蓝花

◎ **降血糖、降血压、降血脂** ◎

原料:

西蓝花150克

做法:

❶ 西蓝花切小朵。

❷ 蒸锅注水烧开,放入西蓝花蒸15分钟。

❸ 揭盖,将食材取出即可。

No.38

粉蒸茄子

◎ **降低血压、延缓衰老** ◎

原料：
茄子350克，五花肉200克，蒸肉粉40克，蒜末、葱花各少许

调料：
盐、鸡粉各2克，料酒、芝麻油各4毫升，生抽6毫升，食用油适量

做法：

❶ 洗净的茄子切条；洗好的五花肉切薄片，把肉片装入碗中，加少许料酒、盐、鸡粉、生抽，撒上蒜末、蒸肉粉拌匀，淋入芝麻油拌匀，腌渍10分钟至其入味，制成肉酱备用。

❷ 取一蒸盘，摆上茄条，放入酱料。

❸ 蒸锅上火烧开，放入蒸盘，盖上盖，用大火蒸10分钟至其熟透，揭盖，取出蒸盘，撒上葱花，浇上少许热油即可。

No.39

蒜香粉蒸胡萝卜丝

◎ 保护视力 ◎

原料：
胡萝卜170克，蒸肉米粉40克，葱花8克，蒜末适量

调料：
盐2克，芝麻油适量

做法：

❶ 洗净去皮的胡萝卜切成片，再切成丝，倒入碗中，加入盐、芝麻油，再放入蒜末，搅拌匀，放入备好的蒸肉米粉，搅拌片刻。

❷ 将拌好的胡萝卜丝倒入备好的盘中，待用。

❸ 电蒸锅注水烧开，放入胡萝卜丝，盖上锅盖，调转旋钮定时蒸10分钟，待10分钟后，掀开锅盖，取出胡萝卜丝，撒上备好的葱花即可。

No.40

清蒸老南瓜

◎ **清热解毒** ◎

做法：

❶ 将南瓜切成块。

❷ 蒸锅注水，放入老南瓜，加盖，用大火
蒸约10分钟，至食材熟透。

❸ 揭盖，倒出老南瓜的水分，浇上醪糟。

❹ 加盖，继续蒸5分钟。

❺ 揭盖，取出老南瓜，撒上枸杞即可。

原料：
醪糟80克，老南瓜300克，
枸杞适量

No.41

云腿娃娃菜

◎ **增强体质** ◎

原料：
娃娃菜300克，云腿50克
调料：
盐、鸡粉各2克，水淀粉适量

做法：

❶ 将娃娃菜洗净撕开，切成等长的块。

❷ 云腿切片，入蒸锅蒸熟备用。

❸ 锅中放入清水，待水开后，放入娃娃菜焯一下。

❹ 捞出娃娃菜，盛入盘中，放上云腿片。

❺ 锅中留适量水，加入盐、鸡粉，用水淀粉勾芡。

❻ 关火，将芡汁浇在娃娃菜和云腿上面即可。

No.42

枸杞蒸芋头

◎ **解毒** ◎

原料:
芋头200克、枸杞20克、葱花适量
调料:
生抽5毫升、食用油适量

做法:

① 芋头切块。

② 电蒸锅注水烧开,放入芋头块。

③ 加盖,用大火蒸30分钟至芋头熟软。

④ 揭盖,取出蒸好的芋头,撒上枸杞、葱花,待用。

⑤ 用油起锅,烧至八成热。

⑥ 关火后将热油淋在芋头上,浇上生抽即可。

No.43

百合蒸南瓜

◎ **清热解毒、润肺止咳** ◎

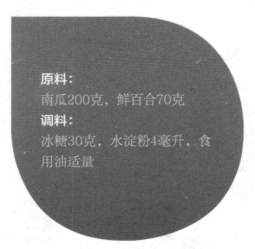

原料：
南瓜200克，鲜百合70克
调料：
冰糖30克，水淀粉4毫升，食用油适量

做法：

❶ 洗净去皮的南瓜切块摆盘，在南瓜上摆上冰糖、百合，待用。

❷ 蒸锅注水烧开，放入南瓜盘，盖上锅盖，大火蒸25分钟至食材熟软，掀开锅盖，将南瓜取出。

❸ 另取一锅，倒入蒸盘中的水，加入水淀粉拌匀，淋入食用油，调成芡汁，浇在南瓜上即可。

No.44

虾皮香菇蒸冬瓜

◎ 利水消肿、滋润皮肤 ◎

原料：

水发虾皮30克，香菇35克，冬瓜600克，姜末、蒜末、葱花各少许

调料：

盐、鸡粉各2克，生粉4克，生抽3毫升，料酒4毫升，芝麻油2毫升，食用油适量

做法：

❶ 把去皮洗净的冬瓜切大块，再切成薄片；洗净的香菇切丁。

❷ 将洗净的虾皮放入大碗中，倒入切好的香菇，撒上姜末、蒜末，加入盐、鸡粉，淋入生抽、料酒，倒入芝麻油，撒上生粉，浇入适量食用油，拌匀，制成海鲜酱料，待用。

❸ 将切好的冬瓜码在盘中，铺上备好的海鲜酱料，静置一会儿。

❹ 蒸锅上火烧开，放入装有冬瓜片的盘子，盖上锅盖，用中火蒸约15分钟至食材熟透。

❺ 关火后揭开盖，取出蒸好的冬瓜，趁热撒上少许葱花，淋上少许热油即可。

No.45

清蒸红薯

◎ 润肠通便、增强免疫力 ◎

原料：
红薯350克

做法：

① 洗净去皮的红薯切滚刀块，装入蒸盘中，待用。

② 蒸锅上火烧开，放入蒸盘，盖上盖，用中火蒸约15分钟，至红薯熟透。

③ 揭盖，取出蒸好的红薯，待稍微放凉后即可食用。

No.46

蒸鸡蛋羹

◎ **提高记忆力** ◎

原料：
鸡蛋2个，胡萝卜丁30克，葱花适量

调料：
盐2克

做法：

① 将鸡蛋打入碗中搅散。

② 加入清水，水和蛋的比例2：1，搅拌匀，加入盐，倒入胡萝卜丁和葱花，拌匀。

③ 蒸锅注水烧开，放入食材，中火蒸10分钟。

④ 揭盖，取出食材即可。

No.47

鹅肝蒸蛋

◎ **增强免疫力** ◎

原料：
鱼子2克，鸡蛋1个，鹅肝10克
调料：
盐、胡椒粉、橄榄油各适量

做法：

❶ 在鸡蛋顶部凿个小洞，倒出蛋液，蛋壳不要扔，可用剪刀将刚刚的小洞剪得稍微大些。

❷ 倒出的蛋液打匀，加入盐、胡椒粉调匀。

❸ 鹅肝切成片。

❹ 热锅注油，用橄榄油将鹅肝煎香。

❺ 将拌好的蛋液倒回蛋壳中待用。

❻ 蒸锅注水，将蛋液蒸10分钟。

❼ 揭盖，将煮好的蛋取出，放上鱼子即可。

No.48

芙蓉虾蒸蛋

◎ **益气滋阳、养血固精** ◎

原料：
鸡蛋3个，虾仁100克，青豆50
克，朝天椒2个

调料：
盐5克，料酒10毫升

做法：

❶ 青豆洗净备用；朝天椒切圈；虾仁加盐、料酒拌匀。

❷ 将青豆放入沸水锅里，煮约5分钟至熟透捞出。

❸ 鸡蛋打入碗中，加2倍的清水搅打成蛋液。

❹ 蛋液覆盖上保鲜膜，扎上小孔，放入烧开的蒸锅里，加盖中火蒸10分钟。

❺ 揭盖，掀开保鲜膜，放上虾仁、青豆和朝天椒，盖上保鲜膜，再盖上盖，中火蒸5分钟即可。

No.49

蛤蜊蒸蛋

◎ 降血压 ◎

原料：
鸡蛋2个，蛤蜊300克，葱花适量
调料：
盐2克

做法：

1. 鸡蛋打入碗中，加入少许盐，打散、调匀。
2. 倒入少许清水，继续搅拌片刻。
3. 把蛋液倒入装有蛤蜊的碗中，放入烧开的蒸锅中。
4. 盖上盖，用小火蒸10分钟。
5. 揭盖，取出食材，撒上葱花即可。

No.50

海鲜蒸蛋

◎ **增强免疫力** ◎

原料：
鸡蛋2个，鱼肉40克，干贝20克，蟹条30克

调料：
盐、鸡粉各3克

做法：

① 鸡蛋打入碗中，加入少许盐，打散、调匀。

② 倒入少许清水，继续搅拌片刻。

③ 把蛋液倒入碗中，放上放入烧开的蒸锅中。

④ 盖上盖，用小火蒸10分钟。

⑤ 锅内注水烧开，放入蟹条、鱼肉、干贝，加上盐、鸡粉煮至熟软，捞出待用。

⑥ 揭盖，将食材放在蛋羹上，再蒸2分钟。

⑦ 将食材取出即可。

No.51

鲫鱼蒸蛋

◎ **增强免疫力** ◎

原料：
鲫鱼1条，鸡蛋3个，姜丝、
葱花适量

调料：
盐2克，料酒5毫升，食用油
适量

做法：

① 将鲫鱼表面切花刀。

② 把姜丝塞入鱼肚，用盐均匀抹鱼身，倒入料酒，继续抹匀，静置20分钟。

③ 将鸡蛋打散打匀，加入盐拌匀。

④ 热锅注油，放入鲫鱼，煎至表面呈金黄色后捞出。

⑤ 备好碗，放入鲫鱼，倒入打好的蛋液，封上保鲜膜，用牙签在表面戳几个
洞，透气。

⑥ 蒸锅注水烧开，放上鲫鱼，蒸20分钟。

⑦ 揭盖，取出食材，撒上葱花即可。

No.52

梅菜蛋羹

◎ **增强免疫力、开胃** ◎

原料：
水发梅菜80克，鸡蛋3个，葱花适量

调料：
盐2克

做法：

① 梅菜切碎末。

② 鸡蛋打入碗中，搅散。

③ 加入适量清水、盐，拌匀。

④ 往蛋液中倒入梅菜碎、葱花拌匀待用。

⑤ 蒸锅注水烧开，放入蛋液，加盖，中火蒸10分钟。

⑥ 揭盖，将蒸好的蛋羹取出即可。

No.53

三色蒸水蛋

◎ 开胃 ◎

原料：
咸鸭蛋1个，皮蛋1个，鸡蛋2个，葱花、香菜各适量

调料：
盐2克

做法：

① 将咸鸭蛋和皮蛋切成小瓣待用。

② 将鸡蛋打在碗中。

③ 加入清水，水和蛋的比例2∶1，搅拌匀，加入适量盐。

④ 蒸锅注入水烧开，放入食材，中火蒸10分钟。

⑤ 揭盖，将食材取出待用。

⑥ 将咸鸭蛋、皮蛋摆放在鸡蛋羹上，撒上葱花、香菜即可。

No.54

牡蛎蒸蛋

◎ **增强免疫力** ◎

原料：
鸡蛋2个，处理好的牡蛎
50克，葱花适量
调料：
盐2克

做法：

① 将鸡蛋打在碗中。

② 加入清水，水和蛋的比例2：1，搅拌匀，加入适量盐。

③ 蒸锅注入水烧开，放入食材，中火蒸10分钟。

④ 揭盖，往蛋中放入牡蛎，加盖蒸5分钟。

⑤ 揭盖，取出食材即可。

No.55

绍子蒸蛋

◎ **增强免疫力** ◎

原料:
鸡蛋2个,肉末50克,葱花、
蒜末各适量

调料:
盐、鸡粉各2克,食用油适量

做法:

❶ 将鸡蛋打在碗中。

❷ 加入清水,水和蛋的比例2:1,搅拌匀,加入适量盐。

❸ 蒸锅注入水烧开,放入食材,中火蒸10分钟。

❹ 揭盖,将食材取出待用。

❺ 热锅注油,倒入蒜末爆香,倒入肉末炒香。

❻ 加入盐、鸡粉,炒匀入味。

❼ 将炒好的肉末盖在蒸好的蛋羹上,撒上葱花即可。

No.56

豌豆蛤蜊蒸蛋

◎ **增强免疫力** ◎

原料：
鸡蛋3个，蛤蜊150克，葱花、
蒜末适量，熟豌豆10克

调料：
盐2克，食用油适量

做法：

① 鸡蛋打入碗中，搅散。

② 往鸡蛋液中加入适量水、盐，拌匀。

③ 鸡蛋液中放入蛤蜊，待用。

④ 蒸锅注水烧开，放入鸡蛋液，加盖，大火蒸8分钟。

⑤ 揭盖，将食材取出，撒上蒜末、葱花、熟豌豆，待用。

⑥ 热锅注油，烧至五成热，将油浇在食材上即可。

No.57

鲜鲍水蒸蛋

◎ 滋阴清热、养肝明目 ◎

做法：

① 将鲍鱼去掉内脏，用清水冲洗干净。

② 将鸡蛋打在碗中。

③ 加入清水，水和蛋的比例2∶1搅拌匀。

④ 蒸锅注入水烧开，放入搅拌好的蛋液。

⑤ 盖上锅盖，蒸7分钟，至蛋液凝固。

⑥ 放入洗好的鲍鱼，继续蒸3分钟。

⑦ 揭盖，取出鸡蛋羹，撒上蒜末待用。

⑧ 热锅注油，烧至五成热，将油浇在鲍鱼上。

⑨ 撒上准备好的葱花即可。

原料：
鲍鱼1个，鸡蛋2个，蒜末、葱花各适量

No.58

蟹黄蒸蛋

◎ **提高记忆力** ◎

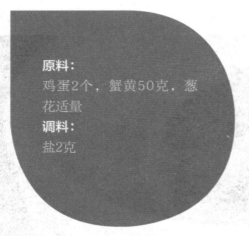

原料：
鸡蛋2个，蟹黄50克，葱
花适量
调料：
盐2克

做法：

❶ 将鸡蛋打在碗中。

❷ 加入清水，水和蛋的比例2：1，搅拌匀，加入适量盐。

❸ 蒸锅注入水烧开，放入食材，中火蒸10分钟。

❹ 揭盖，往蛋中撒上蟹黄，继续蒸5分钟。

❺ 揭盖，取出食材，撒上葱花即可。

No.59

鸡肉蒸豆腐

◎ **补中益气、清热润燥、生津止渴** ◎

原料:
豆腐350克,鸡胸肉40克,鸡蛋50克
调料:
盐、芝麻油各少许

做法:

❶ 洗好的鸡胸肉切片,剁成肉末;鸡蛋打入碗中,打散调匀,制成蛋液。

❷ 将鸡肉末装入碗中,倒入蛋液,搅拌匀,加入少许盐,拌至起劲,制成肉糊。

❸ 锅中注水烧热,加入少许盐,放入豆腐煮约1分钟,去除豆腥味,捞出沥水,放凉,剁成细末,淋入芝麻油拌匀,制成豆腐泥,装入蒸盘,铺平,倒入肉糊,待用。

❹ 蒸锅上火烧开,放入蒸盘,用中火蒸约5分钟至食材熟透,揭开锅盖,取出整盘,稍放凉即可食用。

No.60

竹燕窝蒸水蛋

◎ **增强体质** ◎

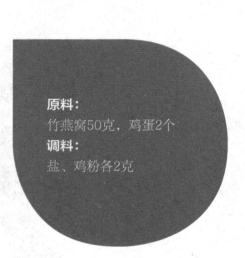

原料：
竹燕窝50克，鸡蛋2个
调料：
盐、鸡粉各2克

做法：

❶ 将燕盏放入碗内，加入凉白开或者纯净水泡发。

❷ 鸡蛋打入碗中，撒上适量盐、鸡粉搅散。

❸ 蒸锅注水，放入竹燕窝，用中火蒸20~30分钟。

❹ 揭盖，取出蒸好的竹燕窝待用。

❺ 接着放入鸡蛋，加盖，中火蒸8～10分钟即可。

❻ 揭盖，取出蒸好的水蛋，放上竹燕窝即可。

No.61

牛奶蒸鸡蛋

◎ 强健骨骼 ◎

原料：
鸡蛋2个，牛奶250毫升，提子、哈密瓜各适量

调料：
白糖少许

做法：

❶ 把鸡蛋打入碗中，打散调匀；将洗净的提子对半切开；用挖勺将哈密瓜挖成小球状。

❷ 把白糖倒入牛奶中，搅匀，将搅匀的牛奶加入蛋液中，搅拌匀。

❸ 取出电饭锅，倒入适量清水，放上蒸笼，放入调好的牛奶蛋液，盖上盖子，按下"功能"键，选定"蒸"功能，蒸20分钟。

❹ 把蒸好的牛奶鸡蛋取出，放上切好的提子和挖好的哈密瓜即可。

No.62

牛奶香蕉蒸蛋羹

◎ 增强免疫力、保护视力 ◎

原料：
牛奶150毫升，香蕉100克，
鸡蛋80克

做法：

① 香蕉去皮切条，再切小段待用；取一个碗，打入鸡蛋，搅散制成蛋液。

② 取榨汁机，倒入香蕉、牛奶，盖上盖，选定"榨汁"键，开始榨汁。

③ 待榨好后将香蕉汁倒入碗中，再倒入蛋液中，搅匀。

④ 取一个蒸碗，倒入蛋液，撇去浮沫，封上保鲜膜。

⑤ 蒸锅上火烧开，放上蛋液，盖上锅盖，中火蒸10分钟至熟，取出即可。

No.63

鸡蛋蒸糕

◎ 补充维生素 ◎

原料：
鸡蛋2个，菠菜30克，洋葱35克，胡萝卜40克

调料：
盐2克，鸡粉少许，食用油4毫升

做法：

❶ 将去皮洗净的胡萝卜对半切开，再切成薄片；洗净的洋葱切细丝，切成颗粒状，再剁成末。

❷ 锅中注入适量清水，用大火烧开，放入胡萝卜片，稍加搅拌，再煮约半分钟至其断生，捞出煮好的胡萝卜，沥干水分，放凉后剁成末。

❸ 沸水锅中再倒入洗净的菠菜，搅拌匀，煮约半分钟，待其色泽翠绿后捞出，沥干水分，放凉后切碎，剁成末。

❹ 鸡蛋打入碗中，加入盐、鸡粉，匀速地搅拌一会儿至调味料完全溶化，倒入胡萝卜末、菠菜末，再撒上洋葱末，注入少许清水搅拌匀，制成蛋液，注入少许食用油，静置片刻。

❺ 蒸锅上火烧开，放入装有蛋液的汤碗，盖上盖子，小火蒸约12分钟至全部食材熟透，关火后取出即可。

No.64

白果蒸蛋羹

◎ **通畅血管、保护肝脏** ◎

原料：
鸡蛋100克，熟白果25克，
水100毫升
调料：
盐2克

做法：

① 鸡蛋打入装水的碗中，打散搅匀，倒入盐、熟白果，搅拌匀。

② 将拌好的蛋液装入碗中，封上保鲜膜。

③ 蒸锅上火烧开，放入鸡蛋羹，盖上锅盖，调转旋钮定时蒸10分钟，取出即可食用。

No.65

鳕鱼蒸鸡蛋

◎ **促进胆汁分泌，加强胃肠蠕动** ◎

原料：
鳕鱼100克，鸡蛋2个，
南瓜150克

调料：
盐1克

做法：

① 将洗净的南瓜切成片；鸡蛋打入碗中，打散调匀。

② 蒸锅上火烧开，放入南瓜、鳕鱼，盖上盖，用中火蒸15分钟至熟，揭盖，把蒸熟的南瓜、鳕鱼取出，分别剁成泥。

③ 在蛋液中加入南瓜、部分鳕鱼，放入盐搅拌匀。

④ 将拌好的材料放在烧开的蒸锅内，盖上盖，用小火蒸8分钟。

⑤ 取出，再放上剩余的鳕鱼肉即可。

No.66

鲍鱼蒸水蛋

◎ **滋阴清热、养肝明目** ◎

原料:
熟肉末适量,鲍鱼1个,
鸡蛋2个

做法:

① 将鲍鱼去掉内脏,用清水冲洗干净。

② 将鸡蛋打在碗中。

③ 加入清水,水和蛋的比例2∶1搅拌匀。

④ 蒸锅注水烧开,放入搅拌好的蛋液。

⑤ 盖上锅盖,蒸制7分钟,至蛋液凝固。

⑥ 码上洗好的鲍鱼,继续蒸3分钟。

⑦ 取出,撒上准备好的肉末即可。

No.67

清蒸富贵鱼

◎ **开胃** ◎

做法：

① 将处理好的富贵鱼里塞入姜片、葱段。

② 蒸锅注水烧开，盖上盖子，大火蒸8分钟。

③ 揭盖，将蒸好的鱼取出，放上葱丝、红椒丝待用。

④ 热锅烧油至五成热，将热油浇在鱼上，周围浇上蒸鱼豉油即可。

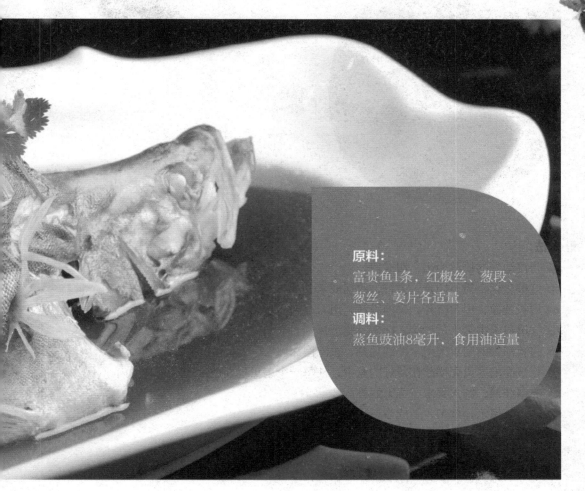

原料：

富贵鱼1条，红椒丝、葱段、葱丝、姜片各适量

调料：

蒸鱼豉油8毫升，食用油适量

No.68

蒜蓉粉丝蒸扇贝

◎ **增强免疫力** ◎

原料：
水发粉丝100克，扇贝200克，红椒、姜末、蒜末、葱花各适量

调料：
盐2克，蒸鱼豉油10毫升，食用油适量

做法：

① 将浸泡好的粉丝捞出，切成段。

② 红椒去柄，横刀切开，去籽，改切成末。

③ 扇贝洗净，用刀撬开，去掉脏污，用刀取肉。

④ 往扇贝肉中撒上适量盐，拌匀，腌渍片刻。

⑤ 将腌渍好的扇贝肉用水冲洗片刻，去除泡沫。

⑥ 将洗净的扇贝壳摆放在备好的盘中，往每一个扇贝里面放上粉丝、扇贝肉。

⑦ 热锅注油，倒入姜末、蒜末爆香。

⑧ 倒入红椒末，炒匀，制成酱料。

⑨ 将酱料盖在每一个扇贝上。

⑩ 蒸锅注水烧开，放入扇贝粉丝，加盖，蒸5分钟。

⑪ 取出扇贝，淋上适量蒸鱼豉油，撒上葱花即可。

No.69

黄花菜蒸草鱼

◎ 益智、抗衰老 ◎

原料：
草鱼400克，水发黄花菜200克，大枣、枸杞、姜丝、葱丝各少许

调料：
盐3克，鸡粉2克，蚝油6克，生粉15克，料酒7毫升，蒸鱼豉油15毫升，芝麻油适量

做法：

❶ 将洗净的大枣切开，去核，再把果肉切小块；洗净的黄花菜切去蒂。

❷ 洗净的草鱼肉切块，装入碗中，撒上姜丝，放入枸杞、大枣、黄花菜，再淋上少许料酒，加入适量鸡粉、盐、蚝油。

❸ 注入少许蒸鱼豉油，搅拌匀，倒入少许生粉，拌匀上浆，滴上少许芝麻油拌匀，腌渍至其入味。

❹ 取一个干净的蒸盘，摆上拌好的材料，码放整齐。

❺ 蒸锅上火烧开，放入蒸盘，盖上盖，用大火蒸约10分钟至食材熟透，揭开盖，取出蒸好的菜肴即可。

No.70

清香蒸鲤鱼

◎ 补脾健胃、利水消肿、通乳 ◎

原料：
鲤鱼500克，姜片、葱丝各10克

调料：
盐3克，胡椒粉1克，蒸鱼豉油8毫升，食用油适量

做法：

❶ 处理干净的鲤鱼切下头尾，在鲤鱼上均匀地抹上盐、胡椒粉，将鱼头竖立在盘子一端，摆好鱼身和鱼尾，并均匀放上姜片。

❷ 备好已注水烧开的蒸锅，放入鲤鱼，加盖，蒸10分钟至熟。

❸ 揭盖，取出蒸好的鲤鱼，取走姜片，将蒸出的汤水倒掉，放上葱丝。

❹ 锅置火上，倒入食用油，烧至八成热，将热油浇在鲤鱼上，淋上蒸鱼豉油即可。

No.71

干贝香菇
蒸豆腐

◎ **生津止渴、清热润燥** ◎

原料：

豆腐250克，水发冬菇100克，干贝40克，胡萝卜80克，葱花少许

调料：

盐、鸡粉各2克，生抽4毫升，料酒5毫升，食用油适量

做法：

❶ 泡发好的冬菇去柄，切粗条；洗净去皮的胡萝卜切片，再切丝，改切成粒；洗净的豆腐切成块，摆在盘中。

❷ 热锅注油烧热，倒入冬菇、胡萝卜，翻炒匀，倒入干贝，注入少许清水，淋入生抽、料酒，加入些许盐、鸡粉，炒匀调味，大火收汁，关火，将炒好的材料盛出放入豆腐中。

❸ 蒸锅上火烧开，放入豆腐，盖上锅盖，大火蒸8分钟，掀开锅盖，将豆腐取出，撒上葱花即可。

No.72

鱼肉蒸糕

◎ 提高眼睛抗病能力 ◎

原料：
草鱼肉170克，洋葱30克，
蛋清少许

调料：
盐、鸡粉各2克，生粉6克，
黑芝麻油适量

做法：

❶ 将去皮洗净的洋葱切丝，改切成段；洗好的草鱼肉去皮，再将鱼肉切条块，改切成丁。

❷ 取榨汁机，选绞肉刀座组合，杯中倒入鱼肉丁、洋葱、蛋清，放入少许盐，拧紧杯子与刀座，套在榨汁机上，并拧紧，选择"搅拌"功能，搅成肉泥，把鱼肉泥取出，装入碗中，顺一个方向搅拌鱼肉泥，搅至起浆，放入盐、鸡粉、生粉，拌匀，倒入黑芝麻油，搅匀。

❸ 取一个干净的盘子，倒入少许黑芝麻油，抹匀，将鱼肉泥装入盘中，抹平，再加入少许黑芝麻油，抹匀，制成饼坯，把饼坯放入烧开的蒸锅中，大火蒸7分钟。

❹ 取出蒸好的蒸糕，切成小块，装入盘中即可。

No.73

清蒸鲈鱼

◎ **增强免疫力** ◎

原料：
鲈鱼1条，姜片、姜丝、葱丝、红椒丝各若干

调料：
蒸鱼豉油10毫升，食用油适量

做法：

① 将宰杀处理干净的鲈鱼背部切开。

② 切好的鲈鱼放入盘中，放上姜片。

③ 蒸锅注水，放入鲈鱼，加盖，大火蒸7分钟至熟。

④ 揭盖，取出鲈鱼，撒上姜丝、葱丝、红椒丝。

⑤ 热锅注油，烧至七成热。

⑥ 将烧好的油浇在鲈鱼上。

⑦ 热锅中加入蒸鱼豉油，烧开后，浇在鲈鱼周围即可。

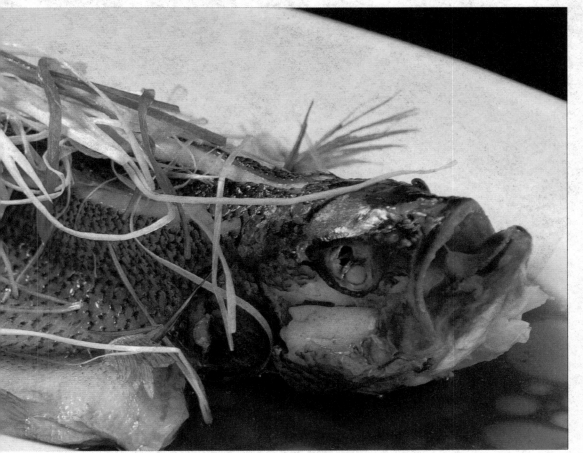

No.74

活度花鲢

◎ 健脾补气 ◎

原料：
花鲢1条，土豆40克，青椒30克，红椒、芹菜各10克，姜片、蒜片各适量

调料：
盐、鸡粉各2克，生抽5毫升，食用油适量

做法：

❶ 去皮土豆切丝。

❷ 青椒切圈；红椒切丁。

❸ 芹菜切小段。

❹ 蒸锅注水，放入花鲢，中火蒸15分钟。

❺ 揭盖，将食材取出待用。

❻ 热锅注油，倒入姜片、蒜片爆香。

❼ 倒入土豆丝、青椒、红椒炒匀。

❽ 加入盐、鸡粉、生抽，炒匀。

❾ 注入适量清水，大火收汁。

❿ 关火，将做好的酱汁盛出，浇在花鲢上即可。

No.75

黑龙滩大鱼头

◎ **温中健胃、散寒燥湿** ◎

原料：

鱼头1个，红剁椒、青剁椒各50克，葱花、姜末、蒜末、大葱丝、香菜各适量

调料：

料酒15毫升，盐5克，蒸鱼豉油5毫升，白胡椒粉、食用油各适量

做法：

① 鱼头用清水洗净，撕掉黑膜，劈开。

② 在鱼头上倒入适量料酒、白胡椒粉、盐，腌渍20分钟。

③ 将腌渍好的鱼头正面朝上，倒入蒸鱼豉油，铺上青剁椒、红剁椒。

④ 将鱼头上锅蒸20分钟，取出待用。

⑤ 锅中倒入适量食用油，将油烧滚热至锅冒烟。

⑥ 将葱花、姜末、蒜末均匀地铺于剁椒上，浇上烧热的油，放上大葱丝、香菜即可。

No.76

美味蒸蟹

◎ **理胃消气** ◎

原料：
螃蟹300克，木耳30克，水发
粉丝50克，水发青豆50克，葱
花、蒜末、姜末各适量

调料：
白醋、生抽各5毫升，盐、鸡
粉各3克

做法：

❶ 电蒸锅注水烧热，放入处理好的螃蟹，放上木耳、粉
丝、青豆，盖上盖，蒸10分钟。

❷ 碗中放入盐、鸡粉、生抽、蒜末、姜末、白醋，拌
匀，制成汁待用。

❸ 揭开锅盖，取出螃蟹。

❹ 将调好的汁浇在螃蟹上，撒上葱花即可。

No.77

清蒸多宝鱼

◎ 滋润皮肤、美容、补肾健脑、助阳提神 ◎

原料：
多宝鱼400克，姜丝40克，红椒35克，葱丝25克，姜片30克，红椒片、葱段各少许

调料：
盐3克，鸡粉少许，芝麻油4毫升，蒸鱼豉油10毫升，食用油适量

做法：

❶ 将洗好的红椒切开，去籽，再切成丝；处理干净的多宝鱼装入盘中，放入姜片，撒上少许盐，腌渍一会儿。

❷ 蒸锅上火烧开，放入装有多宝鱼的盘子，盖上盖，用大火蒸约10分钟，至鱼肉熟透。

❸ 关火后揭开盖，取出蒸好的多宝鱼，趁热撒上姜丝、葱丝、红椒丝、红椒片、葱段，浇上热油，待用。

❹ 用油起锅，注入少许清水，倒上适量蒸鱼豉油，加入鸡粉，淋入少许芝麻油，拌匀，用中火煮片刻，制成味汁，关火后盛出味汁，浇在蒸好的鱼肉上即成。

No.78

大枣蒸百合

◎ **补益脾胃、调和药性、养血宁神** ◎

原料：
鲜百合50克，大枣80克
调料：
冰糖20克

做法：

❶ 电蒸锅注水烧开，放入洗净的大枣，盖上锅盖，调转旋钮定时蒸20分钟，待20分钟后，掀开锅盖，将大枣取出。

❷ 将备好的百合、冰糖摆放到大枣上，再次放入烧开的电蒸锅，盖上锅盖，调转旋钮定时再蒸5分钟，待5分钟后，掀开锅盖，取出即可。

No.79

蜂蜜蒸百合雪梨

◎ 营养滋补、润肺 ◎

原料:
雪梨120克,鲜百合30克
调料:
蜂蜜适量

做法:

① 将洗净的雪梨去除果皮,从四分之一处用横刀切断,分为雪梨盅与盅盖,取雪梨盅,掏空中间的果肉与果核,备用,再取盅盖,去除果核,修好形状,待用

② 另取一个干净的蒸盘,摆上制作好的雪梨盅与盅盖,再把洗好的百合填入雪梨盅内,均匀地浇上少许蜂蜜,盖上盅盖,放平稳,静置片刻,使蜂蜜与百合混合均匀,蒸锅置于旺火上,烧开后放入蒸盘,盖上锅盖,用大火蒸约10分钟,至食材熟软,取下锅盖,待水汽散开,取出蒸好的食材,待稍微冷却后即可食用。

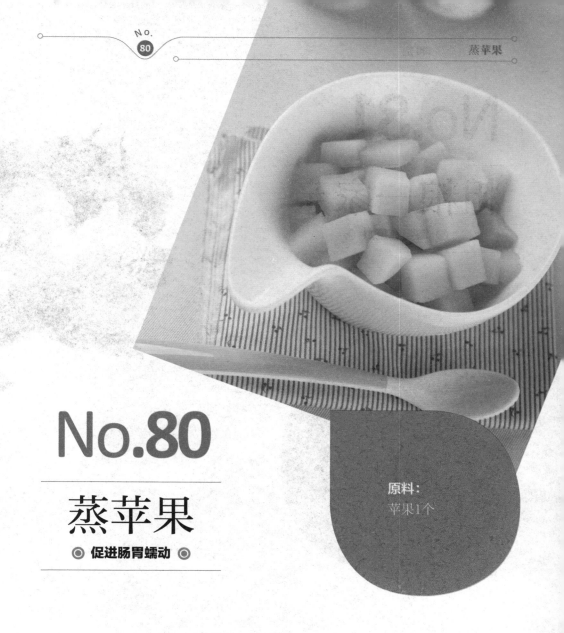

No.80

蒸苹果

◎ 促进肠胃蠕动 ◎

原料:
苹果1个

做法:

❶ 将洗净的苹果对半切开,削去外皮,切瓣,去核切丁,把苹果丁装入碗中。

❷ 将装有苹果的碗放入烧开的蒸锅中。

❸ 盖上盖,用中火蒸10分钟,揭盖,将蒸好的苹果取出,冷却后即可食用。

No.81

粗粮一家亲

◎ **增强免疫力** ◎

原料：
玉米、山药、紫薯各200克，
花生100克，土豆300克

做法：
① 将玉米切段；花生洗净。
② 山药切段。
③ 紫薯切段。
④ 蒸锅注水，放好以上食材，加盖，大火蒸20分钟。
⑤ 揭盖，将蒸好的食材取出即可。

No.82

银耳核桃蒸鹌鹑蛋

◎ **营养滋补** ◎

原料:
水发银耳150克，核桃25克，
熟鹌鹑蛋10个

调料:
冰糖20克

做法:

① 泡发好的银耳切去根部，切成小朵；备好的核桃用到刀背将其拍碎。

② 备好蒸盘，摆入银耳、核桃碎，再放入鹌鹑蛋、冰糖，待用。

③ 电蒸锅注水烧开，放入食材，盖上锅盖，调转旋钮定时20分钟。

④ 待时间到，掀开盖，将食材取出即可。

No.83

南瓜花生蒸饼

◎ **补中益气、促进生长发育** ◎

原料：
米粉70克，配方奶300毫升，南瓜130克，葡萄干30克，核桃粉、花生粉各少许

做法：

❶ 蒸锅上火烧开，放入备好的南瓜，盖上锅盖，用中火蒸约15分钟至其熟软，将放凉的南瓜压碎，碾成泥状；把洗好的葡萄干剁碎，备用。

❷ 将南瓜泥放入碗中，加入核桃粉、花生粉，再放入葡萄干、米粉，搅拌匀，分次倒入配方奶，拌匀，制成南瓜糊，待用。

❸ 取一蒸碗，倒入南瓜糊，备用。

❹ 蒸锅上火烧开，放入蒸碗，盖上锅盖，用中火蒸约15分钟至熟，揭开锅盖，关火后取出蒸好的食材即可。

No.**84**

风味甜烧白

◎ 开胃 ◎

原料：
软糖30克，水发糯米100克
调料：
红糖30克

做法：

① 备好一个碗，放上适量糯米，撒上适量红糖。

② 蒸锅注水烧开，放入糯米，中火蒸30分钟。

③ 将糯米取出，撒上适量软糖即可。

No.85

广式糯米排骨

◎ **增强免疫力** ◎

原料：

排骨500克，糯米200克，红椒粒、青椒粒、姜末、蒜末、葱花各适量

调料：

老抽3毫升，生抽、料酒各5毫升，蚝油5克，盐3克，白糖2克

做法：

① 糯米用水浸泡5~8小时

② 排骨洗净切成小块，用姜末、蒜末、老抽、生抽、蚝油、料酒、盐、白糖抓匀后腌渍2个小时。

③ 将腌渍好的排骨放糯米里面粘满糯米。

④ 蒸锅注水，放入排骨，大火加热蒸50分钟。

⑤ 揭盖，将蒸好的排骨取出，盛入碗中，撒上葱花和红椒粒、青椒粒即可。

No.86

粽香糯米排骨

◎ 增强体质，健脾胃 ◎

原料：
猪排骨300克，粽叶5张，糯米150克

调料：
盐5克，生抽20毫升，料酒30毫升，生粉10克

做法：

① 将排骨斩成约3厘米长的段，洗净沥干。

② 往排骨中加入盐、生粉、生抽、料酒，拌匀后放入冰箱冷藏3小时。

③ 糯米淘洗干净后加水浸泡3小时以上，泡好后捞出沥干。

④ 鲜粽叶用水冲洗干净，剪去头尾，待用。

⑤ 将适量糯米铺在粽叶的一头，放上腌渍好的排骨，再撒上适量糯米。

⑥ 向内卷起，卷成卷。

⑦ 蒸锅注水，放入排骨，加盖，开大火，上汽后转中火蒸约50分钟。

⑧ 关火，揭盖，取出排骨即可。

No.87

狝猴桃甜烧白

◎ 开胃 ◎

原料：
软糖30克，狝猴桃片90克，蜜枣70克，水发糯米100克

调料：
红糖30克

做法：

❶ 备好一个碗，放上适量糯米，撒上适量红糖。

❷ 蒸锅注水烧开，放入糯米、蜜枣，中火蒸30分钟。

❸ 将糯米取出撒上软糖，周围摆放上狝猴桃片即可。

No.88

三鲜蒸饺

◎ **增强免疫力** ◎

原料：
饺子皮200克，香菇70克，
肉末、玉米粒各90克，虾仁
80克

调料：
盐、鸡粉各3克，生抽适量

做法：

① 香菇切丁；虾仁剁碎。

② 往肉末中加入适量盐、鸡粉、生抽拌匀入味作出馅料。

③ 摊上饺子皮，放上玉米粒、香菇丁、肉末、虾仁包成饺子生坯。

④ 蒸锅注水烧开，放入饺子生坯，蒸10分钟。

⑤ 揭盖，将食材取出，蘸上适量生抽即可食用。

No.89

彩色蒸饭

◉ 保护视力 ◉

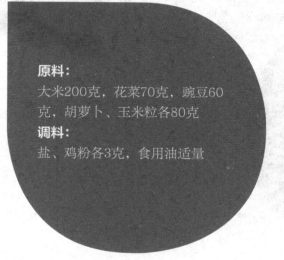

原料：
大米200克，花菜70克，豌豆60克，胡萝卜、玉米粒各80克

调料：
盐、鸡粉各3克，食用油适量

做法：

❶ 花菜切朵；胡萝卜切丁。

❷ 锅内注水烧开，倒入花菜、豌豆、胡萝卜、玉米粒煮至断生。

❸ 捞出食材盛入盘中待用。

❹ 热锅注油，倒入花菜、豌豆、胡萝卜丁、玉米粒炒匀。

❺ 加入盐、鸡粉炒匀入味。

❻ 将食材盛入盘中待用。

❼ 米饭中注入适量清水，放入蒸锅中，加盖，中火蒸20分钟至熟。

❽ 揭盖，倒入炒好的食材。

❾ 加盖，续蒸8分钟至食材熟。

❿ 揭盖，关火后取出蒸好的米饭，拌匀即可。

No.90

雪里蕻咸肉蒸饭

◎ 促进消化 ◎

原料：
雪里蕻130克，咸肉80克
调料：
盐、鸡粉各3克，食用油适量

做法：

① 将洗净的雪里蕻切小段；咸肉切丁。

② 锅中加入1000毫升清水，加入少许食用油煮沸，倒入雪里蕻。

③ 拌煮约1分钟至熟软，捞出待用。

④ 热锅注油，倒入咸肉炒香。

⑤ 倒入雪里蕻炒匀，加入盐、鸡粉炒匀入味。

⑥ 米饭中注入适量清水，放入蒸锅中，加盖，中火蒸20分钟至熟。

⑧ 揭盖，倒入炒好的食材。

⑨ 加盖，续蒸8分钟至食材熟。

⑩ 揭盖，关火后取出蒸好的米饭，拌匀即可。

No.91

红豆蔬菜蒸饭

◎ 利水 ◎

原料：

水发红豆90克，大米140克，红椒50克，香菜适量

调料：

盐、鸡粉各3克

做法：

① 红椒切丁。

② 香菜切碎。

③ 米饭中注入适量清水，倒入红椒丁、香菜、红豆，加入盐、鸡粉拌匀。

④ 放入蒸锅中，加盖，中火蒸20分钟至熟。

⑤ 揭盖，关火后取出蒸好的米饭，拌匀即可。

No.92

黄金糕

◎ **增强免疫力** ◎

做法:

 牛奶倒入锅中加热,加入白糖,搅拌至溶化。

❷ 放入黄油,继续拌匀。

❸ 加入木薯粉,继续搅拌。

❹ 关火(可以用电动打蛋器来搅拌),静置待用。

❺ 等到面糊冷却,加入酵母。

❻ 另将水加热到30~35℃,待用。

❼ 将鸡蛋打散,往蛋液中加入适量白糖。

❽ 然后将打好的面糊倒入蛋糊中。

❾ 温水发酵1个小时以上,其中每20分钟搅拌一次。

❿ 往备好的模具里刷上油。

⓫ 将面糊倒入模具中,继续发酵1个小时。

⓬ 将模具放入烧开的蒸锅中,先用大火蒸20分钟,转小火蒸10分钟。

⓭ 关火,再闷5分钟,取出黄金糕,切好摆盘即可。

原料:
木薯粉280克,鸡蛋4个,牛奶100毫升,黄油30克,酵母6克

调料:
白糖30克,食用油适量

No.93

海参包

◎ 补肾 ◎

原料：
包子皮适量，海参100克

调料：
盐、鸡粉各3克，生抽5毫升

做法：

① 海参剁碎。

② 往海参中加入盐、鸡粉、生抽拌匀入味。

③ 备好包子皮，摊开，放入适量海参馅料，包成包子生坯。

④ 蒸锅注水烧热，放入包子生坯。

⑤ 盖上锅盖，大火蒸15分钟。

⑥ 揭盖，将食材取出即可。

No.94

猪猪包

◉ **增强免疫力** ◉

原料：
面粉300克，幼砂糖50克，酵母8克，牛奶、红曲粉各适量

做法：

① 将面粉、幼砂糖、酵母一起秤量在不锈钢盆内。

② 加入牛奶后用筷子搅合成絮状后用手在盆内揉成团并擦干净盆底。

③ 转移至桌面开始揉面，揉至光洁细腻延展性佳无气泡的面团。

④ 分割面团为若干个。

⑤ 取一块略大的面团加红曲粉，用来做猪猪鼻子耳朵和耳朵。

⑥ 用擀面杖把四周擀薄，形成中间厚四周薄的面片。

⑦ 依次有序地做好猪猪身体，放在馒头垫纸的中间。

⑧ 在粘合处刷一点点牛奶帮助粘合，贴上小猪的耳朵。

⑨ 蒸锅注水烧开，放入猪猪包，转中火蒸约8分钟，关火后闷4分钟。

⑩ 揭盖，将食材取出即可。

No.95

韭黄鲜虾肠粉

◎ **增强免疫力** ◎

原料：
鲜虾、肠粉皮各100克，韭黄80克
调料：
盐、鸡粉各3克

做法：

① 鲜虾去虾线。

② 韭黄切碎。

③ 热锅注油，倒入虾炒至转色。

④ 倒入韭黄炒匀，加入盐、鸡粉炒匀入味。

⑤ 将炒好的食材盛入碗中。

⑥ 摆上肠粉皮，铺开，放入鲜虾、韭黄，卷成卷。

⑦ 蒸锅中注水烧开，放上肠粉。

⑧ 加盖，用大火蒸10分钟至肠粉熟透。

⑨ 揭盖，将肠粉取出即可。

No.96

核桃包

◎ **增强免疫力** ◎

原料：
面粉200克，酵母5克
调料：
白糖10克

做法：

❶ 往案板上倒入适量面粉，开窝，撒上适量白糖，加入酵母拌匀。

❷ 将面团揉至筋道。

❸ 将面团放入钢盆中，移入发酵箱，以温度28℃、相对湿度75%进行基础发酵约90分钟。

❹ 揉搓面团，然后分割成小面团，分别滚圆后，用磨具做成核桃状，封上保鲜膜静置松弛10~15分钟。

❺ 蒸锅注水烧开，放入发酵好的面团，中火蒸20分钟。

❻ 揭盖，将食材取出即可。

No.97

港式流沙包

◎ **增强免疫力** ◎

原料：
咸蛋黄80克，黄油、吉士粉、奶粉各40克，牛奶25毫升，中筋面粉220克，酵母3克

调料：
糖粉70克

做法：

❶ 将咸蛋黄碾碎。

❷ 加入黄油，继续搅拌匀，加入吉士粉、奶粉、糖粉混合，拌匀。

❸ 加入牛奶，继续拌匀。

❹ 将馅料分装成12份，大概每份24克，放进冰箱冷冻20~30分钟，直到凝固成雪糕状再取出。

❺ 将冻成雪糕状的馅料取出，迅速搓成球形，平铺在垫了保鲜膜的烤盘上继续回到冰箱冷冻，直到冻硬。

❻ 将中筋面粉倒在案板上，开窝，放入酵母，揉成光滑柔软的面团。

❼ 将面团放到碗中，封上保鲜膜，室温下发酵40~50分钟。

❽ 发酵好后的面团，均分成12份，每份都揉圆。

❾ 取1份面皮，压扁，取1份馅料，一点点包好，收口向下，制作若干生坯。

❿ 将生坯都摆好在蒸笼里，每个之间要留空隙，盖好盖子，室温下发酵30分钟左右。

⓫ 蒸锅中注水烧开，放入生坯，中火蒸8分钟。

⓬ 揭盖，取出蒸好的包摆放在盘中即可。

No.98

烧麦

◎ **增强免疫力** ◎

原料：
猪肉100克，豌豆80克
调料：
盐、白糖、鸡粉、胡椒粉各3
克，生粉、芝麻油各适量

做法：

① 将猪肉切碎。

② 往肉末中加盐，拌至起胶，再加白糖、鸡粉、胡椒粉和生粉拌匀。

③ 倒入芝麻油，拌成馅料。

④ 烧麦皮中放入适量馅料。

⑤ 收紧口呈细腰形。

⑥ 将切好的豌豆装饰在烧麦上，放入蒸笼内，大火蒸约8分钟。

⑦ 揭盖，将蒸好的食材取出即可。

No.99

奶黄包

◎ 开胃 ◎

原料：
低筋面粉150克，泡打粉10克，
酵母、牛奶、奶黄馅各适量
调料：
白糖适量

做法：

① 把低筋面粉倒在案台上，用刮板开窝。

② 加入泡打粉，倒入白糖。

③ 酵母加少许牛奶，搅匀，倒入窝中，混合均匀。

④ 加少许清水，刮入面粉，混合均匀，揉搓成面团。

⑤ 取适量面团，搓成长条状。

⑥ 揪成数个大小均等的剂子。

⑦ 把剂子压成饼状，擀成中间厚，四周薄的包子皮。

⑧ 取适量奶黄馅，放在包子皮上。

⑨ 收口，捏紧，捏成球状生坯。

⑩ 生坯粘上包底纸，放入蒸笼里，发酵1小时。

⑪ 将食材放入蒸锅中，加盖，大火蒸6分钟。

⑫ 揭盖，把蒸好的奶黄包取出即可。

No.100

紫薯卷

◎ **增强免疫力** ◎

原料:
紫薯泥100克,椰浆25克,低筋面粉500克,酵母5克,泡打粉适量

调料:
白糖20克

做法:

1. 往备好的紫薯泥里加入白糖、椰浆。
2. 拌匀至可以捏成团状的状态,做成紫薯馅。
3. 将低筋面粉倒在案台上。
4. 加入酵母,混匀后,再用刮板将面粉开窝。
5. 将泡打粉洒在面粉上。
6. 加入白糖,加入适量清水拌匀。
7. 将面粉揉搓成光滑、有弹性的面团。
8. 取部分面团,用擀面杖擀成面片。
9. 将面皮对折,再用擀面杖擀平,反复操作2~3次,使面片均匀、光滑。
10. 往面皮中涂上适量紫薯泥。
11. 然后用刀切成数个大小相同的馒头生坯。
12. 把馒头生坯放入水温为30℃的蒸锅中。
13. 盖上盖,发酵30分钟,待馒头生坯发酵好,用大火蒸8分钟。
14. 揭开锅盖,把蒸好的馒头取出即刻。